DESCRIPTION DES PHARES

2ᵉ SUPPLÉMENT

1ᵉʳ Janvier 1886

CHALLAMEL AINÉ, ÉDITEUR

5, rue Jacob, et rue Furstenberg, 2

DESCRIPTION DES PHARES

EXISTANT SUR LE

LITTORAL MARITIME DU GLOBE

Édition de Septembre 1880 avec Supplément au 1ᵉʳ Juillet 1886

DEUXIÈME SUPPLÉMENT

AU 1ᵉʳ JANVIER 1886

PARIS

CHALLAMEL, Aîné, ÉDITEUR

Librairie maritime et coloniale

5, rue Jacob, et rue Furstenberg, 2

1886

19. — Brunsbüttel. Le feu *fixe* est *intermittent*.
Tyboron. Le feu est *fixe rouge*.

23. — Lödberg. Après *Tyborön*. Au N. d'*Agger*, feu *fixe à éclats* de 20 en 20 secondes, visible 18 milles (56° 49' 25" N. et 5° 55' 51" E.).

23. — Pointe Orodde (*Ile Mors*). Sur la pointe un feu *fixe blanc*, visible 6 milles, cloche de brume (56° 46' 54" N. et 6° 32' 28" E.).

23. — Glyngöre. Sur la tête du môle E. un feu *fixe rouge* et sur la tête du môle O. un feu *fixe vert* (56° 45' 30" N. et 6° 31' 46" E.). 2 feux de direction *fixes blancs* sont allumés pour le service des vapeurs.

26. — Banc Schultz. Le feu est à *éclats blancs* et à *éclipses* et gît actuellement par : (56° 8' 55" N. et 8° 51' 4" E.)

26. — Hundested. Feu de port *fixe blanc* (55° 57' 58" N. et 9° 30' 49" E.).

26. — Lynæs. Feu de port *fixe blanc* (55° 56' 30" N. et 9° 32' 46" E.).

27. — Hallands Wäderö. Après *Tylö*. Sur la pointe N.O., feu *fixe à éclats rouges*, visible 14 milles (56° 27' N. et 10° 12' 46" E.).

27. — Torekov. Feu de port, *fixe vert* sur le rocher du port, visible 1 mille (56° 25' 50" N. et 10° 17' 36" E.).

27. — Fiordskär. A l'entrée du *Kungsbacka Fiord*, deux feux : l'extérieur, *fixe à éclats, blanc et rouge*, visible 9 à 13 milles ; l'intérieur, *fixe blanc et rouge*, visible 7 à 12 milles (57° 21' 9" N. et 9° 41' 4" E.).

27. — Varö. Pour guider l'entrée S. de *Göteborg*, feu *fixe blanc*, élevé de 14 milles, visible 12 milles (57° 33' 8" N. et 9° 28' 16" E.).

27. — Rattären. Sur le rocher à l'E. de *Vrangö*, feu *scintillant, blanc, rouge et vert*, visible 5 milles.

27. — Bottö. Le feu montre un feu *blanc* à deux *éclats* à tribord et un feu *rouge* à un *éclat* à babord.

27. — Carnegieska. Les feux de *Carnegieska* sont *fixes blancs*.

28. — Stora Warholm. Au côté O. de l'îlot, feu *scintillant blanc et rouge* à éclats et à éclipses, visible 5 milles (57° 41' 46" N. et 9° 22' 1" E.).

28. — **Hallö**. Sur le côté E. de l'île, feu *alternatif* *rouge et blanc*, visible 5 milles (57° 44' N. et 9° 19' 46' E.).

28. — **Stufö**. Au côté S.-E. de l'île, feu *fixe*, visible 5 milles (57° 44' 22' N. et 9° 19' 21' E.).

28. — **Björkö**. Au côté S.-O. de l'île, feu *fixe*, visible 5 milles (57° 44' 34' N. et 9° 20' 15' E.); un second feu à 653 m. au N. du précédent, alternatif *blanc et rouge*, visible 5 milles.

28. — **Salö**. Au côté O. de l'île, feu *fixe*, visible 5 milles (57° 49' 5" N. et 9° 17' 21" E.).

28. — **Lekskär**. Au côté E. du rocher au S. de *Kälfvero*, feu *scintillant blanc et rouge à éclats*, visible 5 milles (57° 50' 31' N. et 9° 15' 46' E.).

28. — **Ramholm**. Feu du S., *rouge à éclats*, visible 3 milles (57° 51' 35" N. et 9° 13' 10' E.); le feu du N., à 127 m. du précédent, *fixe rouge et blanc*, visible 5 milles.

28. — **Graen**. Sur l'île *Schers* de *Pater Noster*. Feu *blanc et rouge à éclats*, visible 5 milles (57° 56' 10" N. et 9° 12' 26" E.).

28. — **Ile Langholm**. Feu *scintillant à éclats blancs et rouges*, visible 10 milles (58° 32' 4' N. et 8° 53' 22' E.).

28. — **Svartskär**. Sur l'îlot, feu *alternatif blanc et rouge*, visible 5 milles (58° 33' 2" N. et 8° 53' 21' E.).

28. — **Snixholm**. Sur l'île, au N. de *Stora Homborgö*, feu *alternatif blanc et rouge*, visible 7 milles (58° 34' 2" N. et 8° 54' 54" E.).

28. — **Tenungen**. Sur l'île, feu *fixe*, visible 10 milles (58° 34' 12" N. et 8° 55' 11" E.).

28. — **Blasen**. Sur l'île, à l'O. de Riso. Feu *fixe*, visible 5 milles (58° 48' 15" N. et 8° 49' 41' E.) et un feu *alternatif blanc et rouge*, visible de 5 milles.

28. — **Kobblingarne**. Sur l'île du S., feu *alternativement blanc et rouge*, visible 5 milles (58° 54' 52" N. et 8° 45' 38" E.).

28. — **Likholm**. Sur l'île, au N. du précédent, feu *fixe*, visible 5 milles (58° 55' 31" N. et 8° 46' 38" E.).

28. — **Tjurholm**. Sur le côté E. de l'île, feu *fixe*, visible 5 milles (58° 59' N. et 8° 46' 1' E.).

32. — **Helligenhafen**. (Sund de Fehmarn.) Feu *fixe rouge*, à 100 m. du rivage, visible 5 milles (54° 22' 8' N. et 8° 41' 8' E.).

34. — Mohals. Le feu est *fixe rouge*, position : (55° 8' 5"
N. et 8° 34' 6" E.).

34. — Ile Masnedö. Après *Vordingborg,* sur le côté
N. de l'île, deux feux de direction *fixes blancs* (54° 59' 42"
N. et 9° 33' 28" E.).

35. — Kjeldsnor. Après *Bagenkop.* Côte S.-E. de *Langeland,* Feu *fixe,* visible 9 milles (53° 43' 40" N. et 8° 22' 56"
E.).

37. — Nysted. Après *Moën.* Feu *fixe* dans le port, visible 9 milles (54° 39' 47" N. et 9° 23' 46" E.).

38. — Engelholm. Après *Kullen.* Sur le bras N. du port
dans le *Skelder Wiek,* feu *alternativement blanc et rouge,*
visible 6 milles (56° 26' 15" N. et 15° 34' E.).

38. — Lerhamm. A l'extrémité du port, 2 feux *fixes* de
pêcheurs, visibles de 8 milles (56° 15' 30" N. et 10° 11' 16" E.).

39. — Adlergrund. Après *Christiansoe.* Près du banc,
feu *fixe à éclats* de 30 en 30 secondes, visible de 11 milles
(54° 48' 12" N. et 12° 0' 34" E.).

44. — Memel. Sur la tête du môle N., un feu *fixe rouge,*
visible de 7 milles. On ne hissera plus aucun feu sur le mât
de pavillon de beaupré à bord des feux flottants de l'empire russe.

44. — Michaïlow. Le feu est électrique, *fixe à éclats,*
visible 15 milles (57° 35' 54" N. et 19° 39' 14" E.) et situé
près du village de *Pissen.*

46. — Ile Schildau. Après *Verder.* Sur l'ext. S.-O. de
l'île, feu *tournant à éclats blancs et rouges,* visibles de 4
milles (58° 38' N. et 21° 5' E.).

46. — Ile Harilaïd. Sur l'île, feu *tournant à éclats
blancs et rouges ;* visible de 5 milles (58° 58' 10" N. et 20°
44' 59" E.).

46. — Ile Harri. Feu *scintillant* à la gazoline.

46. — Ile Moon. Feux *d'alignements* sur l'île.

48. — Kaunisari. Après *Hogland,* à l'extrémité N. de
l'île, feu *fixe,* visible de 8 milles (60° 22' 12" N. et 24° 26'
40" E.).

48. — Kotka. Sur le côté N.-O. de l'île *Kutsemulle,* feu
alternativement rouge et *blanc,* visible de 8 milles (60°
27' N. et 24° 42' E.), un 2° sur un rocher à 600 m. au S. de
l'île *Fort Slava,* feu *alternativement rouge et blanc ;* visible de 8 milles (60° 26' 6" N. et 24° 39' 28" E.).

Ranko. (Sur l'île, feu alternativement rouge et blanc, visible de 8 milles (60° 22' N. et 24° 58' 58" E.).

18. — **Aspoe**. Sur le récif *Veilkari*, feu alternativement rouge et *blanc*, visible de 8 milles. (60° 16' N. et 24° 55' 28" E.).

Sur le rocher *Kivikari*, feu *alternativement rouge* et *blanc*, visible de 7 milles (60° 17' 30" N. et 24° 53' 16" E.).

49. — **Dalskär**. Après *Narva*, sur l'îlot, feu *alternativement rouge et blanc*, visible de 5 milles (60° 28' 45" N. et 25° 36' 42" E.)

51. — **Verkö Matala**, après *Styrsoudden*. Feu *fixe* rouge à l'entrée de *Berkié Sund* ; visible de 9 milles (60° 16' 30" N. et 26° 26' 16" E.).

51. — **Ile Grohara**. Après *Soedersker*, sur l'île, feu *fixe* *blanc* et *rouge*, à *éclats* ; visible de 12 milles (60° 6' 18" N. et 22° 39' 32" E.).

51. — **Ile Helholm**. Sur l'île feu *fixe* (60° 29' 25" N. et 22° 38' 16" E.).

51. — **Stora Œster Svartœ**. Sur les fortifications de l'île, feu *alternativement blanc et rouge*, visible de 6 milles (60° 8' 40" N. et 22° 39' 21" E.).

51. — **Gustavsvert**. Sur un rocher, feu *alternativement blanc et rouge*, visible de 6 milles (60° 8' 17" N. et 22° 19' 14" E.).

51. — **Ile Scotland**. Sur le bord O. de l'île, feu *alternativement blanc et rouge* (60° 8' 22" N. et 22° 39' 23" E.)

52. — **Herro**. Après *Logsker*, feu *alternativement blanc et rouge*, visible de 9 milles (59° 58' 18" N. et 47° 50' 41" E.).

52. — **Valkiakari**. Après *Skelsher*. Sur l'île, feu *blanc et rouge à éclats*, visible de 6 milles (61° 9' 30" N. et 19° 1' 30" E.).

52. — **Kallo**. Sur l'îlot, à l'entrée du port *Revsoe*, feu *fixe blanc à éclats rouges*, visible de 9 milles (61° 35' 42" N. et 19° 7' 16" E.)

52. — **Norr-Sker**. Le feu est *fixe à éclats* de 1 m. en 1 m.

53. — **Storkallegrund**. Feu (flottant) à vapeur mouillé par 20 m. d'eau à 2 milles à l'O. du banc, fixe, visible de 11 milles (62° 47' 30" N. et 18° 23' 31" E.).

53. — **Snipan**. (*Quarken* du Nord). Sur l'îlot *Vestra*

Norrsker. Feu *fixe* à *éclats* de 1 m. en 1 m., visible de 12 milles (63° 13′ 45″ N. et 18° 16′ 16″ E.).

53. — **Ajos.** Après *Uleaborg.* Sur l'extrémité O. de l'île *Karlæ Marianiem,* feu *fixe blanc* à *éclats* de 40 s. en 40 s., visible de 12 milles (65° 2′ 15″ N. et 22° 13′ 46″ E.).

53. — **Meillio.** A l'entrée du Torneå, feu *fixe blanc,* élevé de 9 m., visible de 9 milles (65° 31′ 52″ N. 22° 2′ 11″ E.). Cloche de brume.

54. — **Bergudden.** Après *Umeå.* Sur la pointe, côté N. O. de l'île Holm, feu *fixe blanc,* visible de 10 milles (65° 47′ 36″ N. et 18° 31′ 29″ E.).

54. — **Malmö.** Après *Skag.* Feu *fixe blanc* et *rouge,* élevé de 11 m., visible de 6 milles (63° 12′ 5″ N. et 16° 34′ 46″ E.),

57. — **Kanholmen.** Le feu est éteint.

57. — **Klöfholm.** Feu *scintillant blanc* et *rouge,* élevé de 7 m., visible de 7 milles (59° 22′ 22″ N. et 16° 25′ 24″ E.).

57. — **Justkar.** Sur *Sodra Jutskar,* feu *alternativement blanc* et *rouge,* visible de 6 milles (58° 48′ 46″ N. et 15° 13′ 10″ E.). Sur *Norra Jutskar,* feu *fixe,* visible de 6 milles (58° 48′ 58″ N. et 15° 13′ 24″ E.).

57. — **Tornskai.** Sur le rocher, feu à *éclats blancs* et *rouges,* visible de 6 milles (58° 49′ 5″ N. et 15° 13′ 19″ E.).

57. — **Lysberget.** Feu *fixe, blanc* et *rouge,* visible de 6 milles (58° 50′ 22″ N. et 15° 16′ 2″ E.)

58. — **Safo Sund.** (Baie de Norrköping). Feu *fixe vert* et *blanc* (58° 46′ 4″ N. et 15° 8′ 38″ E.)

58. — 2 feux de direction à Lösingsskär et Hvitskär.

58. — **Ettersund.** 2 feux *fixes blancs* sur les rochers *Duc d'Albe,* visibles de 6 milles.

58. — **Stegeborg.** Feu *fixe blanc,* visible de 6 milles (58° 26′ 30″ N. et 14° 16′ 36″ E.).

58. — **Mem.** Feu de port *fixe blanc* à l'entrée du canal de *Gota.*

58. — **Stora Kopparholm.** Feu *alternativement blanc* et *rouge,* visible de 6 milles (58° 28′ 15″ N. et 14° 37′ 54″ E.).

58. — **Svartviksberg.** Sur la pointe S. d'Arkö, feu *fixe blanc,* visible de 5 milles (58° 29′ N. et 14° 38′ 16″ E.).

58. — **Île Sparö.** Feu *fixe à éclats rouges* de 1 m. en 1 m., visible de 12 milles (57° 42′ 40″ N. et 14° 24′ 4″ E.).

58. — **Busean.** Feu *fixe rouge et blanc*, visible de 5 milles (57° 39′ 25″ N. et 14° 26′ 16″ E.).

58. — **Idö Stangskär.** Sur l'îlot, feu *fixe blanc*, visible de 6 milles (57° 40′ 15″ N. et 14° 27′ 33″ E.).

58. — **Idö.** Sur l'îlot, feu à *éclats rouges* et *blancs*, visible de 5 milles (57° 42′ 50″ N. et 14° 25′ 54″ E.).

58. — **Stickskär.** Feu *alternativement rouge et blanc*, visible de 5 milles (57° 43′ 16″ N. et 14° 25′ 46″ E.).

59. — **Pointe Stenkyrke** (côte N.-O. de *Gottland*). Feu à *éclats blancs* de 30 en 30 secondes, visible de 19 milles (57° 49′ 25″ N. et 16° 8′ 6″ E.).

60. — **Récif Soen.** Après *Pointe Ispe*, feu *alternativement blanc et rouge*, visible de 5 milles (57° 27′ 31″ N. et 14° 24′ 40″ E.).

65. — **Lille Skotholm.** Feu de port *fixe blanc*.

67. — **Sörhangö.** Le feu paraît *scintillant* sur les *Treboerne* et les *Reuingerne*.

71. — **Pointe Fjertofnæs.** Après *Ulla*. Feu *fixe blanc et rouge*, visible de 5 milles (62° 42′ N. 3° 59′ 46″ E.).

74. — **Ile Rost.** Un feu *fixe blanc* sur *Værholpmakken*, visible de 6 milles (67° 31′ N. et 9° 46′ 46″ E.). Sur *Bratskjer*, feu *fixe blanc et rouge*, visible de 6 milles. Sur *Halklakken*, feu *fixe blanc et rouge*, visible de 6 milles.

74. — **Balstad.** Sur la station télégraphique, feu *fixe blanc*, visible de 5 milles (68° 4′ N. et 11° 14′ 16″ E.).

75. — **Ile Stegelholm.** Feu *fixe blanc*, visible de 4 milles (68° 40′ 15″ N. et 14° 19′ 30″ E.).

75. — **Finsnæs.** 2 feux d'alignement dans le *Gi Sund*.

75. — **Buskind.** — 2 feux d'alignement en face de *Gibostad*.

75. — **Vardö.** A l'extrémité du brise-lames, feu *fixe blanc et rouge*, visible de 6 milles (70° 22′ N. et 28° 47′ 46″ E.).

75. — **Skagen** (Islande). Sur la pointe feu *fixe blanc*, visible de 6 milles (64° 4′ 30″ N. et 25° 5′ 14″ E.). Allumé du 1er août au 15 mai.

Côtes d'Écosse, d'Angleterre et d'Irlande.
Iles Anglaises.

79. — **Wick**. Feux de port *fixes*, *rouge* et *vert*, à l'extrémité du môle N. et à l'O. du port extérieur.

79. — **Lybster**. Sur l'extérieur du môle O., *fixe rouge* (58° 17′ 40″ N. et 5° 37′ 20″ O.).

80. — **Peterhead**. Feu allumé, port réouvert.

81. — **Montrose**. Le feu est *intermittent blanc* de 30 en 30 s.

84. — **Fidara**. Sur l'île, feu *à éclats* de 30 en 30 s., visible 17 milles, élevé de 17 m. (56° 4′ 20″ N. et 5° 7′ 4″ O.).

86. — **Blyth**. Sur l'extrémité S.-O. du môle de l'E., 2 feux *fixes* : supérieur, *rouge*, inférieur, *blanc*.

91. — **Hasborough**. Le feu est *intermittent à éclipses*, visible 17 milles.

112. — **Swansea**. A l'entrée du dock du *Prince de Galles*; en triangle, trois feux *fixes*, *verts* ou *rouges*; *verts* quand l'entrée est libre ; *rouges* quand elle est obstruée.

114. — **Bardsey**. Le feu est *intermittent*.

115. — **Skerries**. Sur l'île la plus élevée, le feu est *intermittent*.

119. — **Port Piel**. (Flottant.) A 3 encablures au large du *Lightningknoll*, feu *fixe blanc*.

119. — **Saint-Bées**. Le feu de *Saint-Bées* est *intermittent*.

121. — **Port Erin**. Deux feux *fixes rouges* au côté E. du port, à 820 m. dans l'E. de l'ext. extérieure du nouveau brise-lames, visible 5 milles (54° 5′ 20″ N. et 7° 5′ 32″ O.).

128. — **Ushenish**. Le feu est *fixe, blanc à éclipses*.

138. — **Moy Hill**. Après *Logheen*. Sur la pointe au côté N. du chenal, feu *fixe blanc*, visible 5 milles.

France N. et O.,
Espagne N. et S. O., Portugal.

142. — **Dunkerque**. Le phare de 1er ordre est électrique, *scintillant* à *éclats blancs*, visible de 19 milles.

144. — **Gris Nez**. Le feu est *scintillant*, à trois *éclats blancs* et un *éclat rouge*, visible 19 milles.

146. — **Tréport**. Le feu de la jetée O. est à 112 m. de son ancienne position (50° 3' 56" N. et 0° 58' 3" O.).

151. — **Saint-Marcouf**. Le feu est clignotant, *blanc à éclipses*, visible 9 milles.

158. — **Riv. de Lannion**. Après *Triagoz*. Sur la pointe *Béglèguer*, au N. de l'entrée de la rivière, feu *fixe rouge, blanc, vert*, visible de 9 à 13 milles (48° 44' 25" N. et 5° 53' 10" O.).

158. — **Roscoff**. Après *île de Bas*. Au fond du port, près de l'abri du canot de sauvetage, feu *fixe rouge*, visible 8 milles (48° 43' 23" N. et 6° 19' 5" O.).

158. — **Pontusval**. Un secteur *rouge* ouvert à l'O. couvre tous les dangers qui s'étendent au N. de la côte en venant du large et jusqu'aux *Basses-Saint-Trégarec*.

165. — **La Turballe**. Un deuxième feu est installé à 37 m. S.-O. q. O. du feu *fixe blanc*, il est également *fixe blanc*, visible 8 milles.

175. — **Passages**. Sur la pointe *Torre de San Pedro*, feu *fixe rouge*, visible 6 milles. — Sur la pointe N. du môle *Bonansa*, feu *fixe vert*, visible 6 milles.

181. — **Cap Mondego**. Le feu est actuellement *blanc à éclats*, visible de 25 milles.

182. — **Pointe Cacilhas**. Après *Belem*. Feu *fixe blanc* sur un phare rouge en fer.

183. — **Spichel**. Le feu est visible de 22 milles.

184. — **Huelva**. Deux feux *fixes blancs*, sur des perches, indiquent la direction pour franchir la barre, visibles 10 m.

184. — **Cadix**. Sur le banc *los Cochinos*, feu électrique *vert à éclats*, visible 3 milles.

Méditerranée.

187. — Port Alméria. Le feu est *fixe rouge*, visible 10 milles.

196. — Port Vendres. Le feu du port du fanal est actuellement *blanc clignotant*, et à éclipses de 4 s. en 4 s. Un feu *fixe vert* de 5e ordre est allumé sur le musoir du môle du port, visible 6 milles (42° 31' 23" N. et 0° 46' 48" E.).

197. — La Gacholle. Après *Aigues Mortes*. Au N. de la balise qui marque à l'E. l'entrée du *golfe des Saintes-Maries* et au fond de ce golfe, feu *blanc scintillant* à *éclipses*, de 5 s. en 5 s., visible 20 milles (43° 27' 17" N. et 2° 14' E.).

200. — Toulon. Les bateaux-feux *Frelon* et *Diligente* sont supprimés. Sur le musoir de la jetée de *Saint-Mandrier*, feu *clignotant blanc* à éclipses de 4 s. en 4 s., visible 10 milles (43° 5' 10" N. et 3° 35' 50" E.).

Le feu du musoir de la grande jetée de la *grosse tour* est *fixe vert*.

201. — Agay. Après *Saint-Raphaël*. Sur la pointe de la *Baumette*, feu *blanc, rouge, clignotant* à éclipses de 4 s. en 4 s., visible 6 à 11 milles (43° 25' 33" N. et 4° 32' 5" E.).

207. — Ile Rossa. Le feu *fixe rouge* est supprimé. Un feu *fixe blanc* est établi sur la pointe S.-E. de l'île.

208. — Cap Vado. Sur le cap au N. du môle d'abri de l'anse Bergeggi, feu *blanc* à éclats de 30 en 30 s., visible 17 milles (44° 15' 28" N. et 6° 6' 58" E.).

208. — Savone. Feu *fixe blanc* sur le môle *delle Casse*, visible 10 milles. Le feu *fixe rouge* du môle du Nord est *fixe vert*, et le feu *fixe* du môle de l'E. est *fixe rouge*.

208. — Gênes. Un feu flottant à l'extrémité S.-E. de la digue O. en construction, *fixe*, visible 9 milles.

208. — Port de Camogli. Sur la batterie *della Scuola*, un feu *blanc* à éclats de 15 s. en 15 s., visible 10 milles (44° 23' 50" N. et 6° 35' 58" E.).

209. — Ile Tino. L'ancien feu est éteint et remplacé par un feu *électrique* à *éclats* et à *éclipses*, élevé de 118 m., visible de 28 milles.

209. — **Spezzia**. Sur l'extrémité O. du brise-lames *Passe Ouest*, 2 feux *fixes verticaux*; supérieur *rouge*, inférieur *vert*, visible de 3 à 5 milles (44° 4' 7" N. et 7° 31' 5" E.).

213. — **Ischia**. Sur la pointe **Imperatore**, extrémité S.-O. de l'île, feu *alternativement fixe et scintillant* de 5 s. en 5 s., visible de 26 milles (40° 42' 34" N. et 11° 31' E.).

215. — **Salerne**. Le feu de l'extrémité E. de la digue du port est allumé; c'est un feu *fixe blanc*, visible de 4 milles.

216. — **Reggio**. Le feu du clocher de l'église de *Santa Maria* est *fixe vert*.

Sur l'extrémité du môle du nouveau port, feu *fixe rouge*, visible de 5 milles (38° 7' 21" N. et 13° 18' 33" E.).

Sur la plage, à la naissance du môle, feu *fixe blanc*, visible de 5 milles.

216. — **Ile Salina**. A l'extrémité du cap, au N.-E. de l'île, feu *fixe blanc*, visible de 18 milles (38° 34' 51" N. et 12° 31' 53" E.).

216. — **Torre di Faro**. Le feu est à *éclats* de 30 s. en 30 s.

217. — **Catane**. Sur l'extrémité S.-O. de la nouvelle jetée, feu *fixe rouge*, visible de 4 milles.

Le feu de l'extrémité du môle extérieur est *fixe vert*.

217. — **Augusta**. Sur la pointe *Cantara*, feu *fixe blanc*, élevé de 13 m., visible de 9 milles.

218. — **Rossello**. Sur le *Monte-Rossello*, feu *blanc à éclats rouges* de 2 m. en 2 m., visible de 20 milles (37° 17' 15" N. et 11° 6' 51" E.).

218. — **San Marco**. Sur le cap, feu *fixe blanc à éclats* de 30 s. en 30 s., élevé de 30 m., visible de 15 milles (37° 29' 25" N. et 10° 40' 56" E.).

219. — **Marsala**. A l'extrémité de la jetée en construction dans le port, feu *fixe vert*, visible de 4 milles.

219. — **Ile Ustica**. Sur la pointe *Uomo Morto*, au N.-E. de l'île, feu *fixe blanc à éclats* de 30 s. en 30 s., visible de 25 milles (38° 42' 40" N. et 10° 51' 46" E.).

Sur la pointe *Gavazzi*, au S.-O. de l'île, feu *fixe blanc à éclats* de 2 m. en 2 m., élevé de 28 m., visible de 17 milles (38° 41' 30" N. et 10° 48' 53" E.).

221. — **Pantellaria**. Sur la pointe *Spadillo* (Curritia),

auc N.-E. de l'île, feu *fixe blanc* à *éclats* de 30 s. en 30 s., visible 17 milles (36° 49' 25" N. et 9° 40' 31" E.)

223. — **Trani**. Après *Molfetta*. Feu *fixe rouge* à l'extrémité du môle E., élevé de 10 m., visible 4 milles (41° 16' 45" N. et 14° 5' 16" E.)

223. — **Barletta**. Sur l'extrémité du môle N., feu *fixe rouge*, élevé de 10 m., visible de 6 milles.

225. — **Pointe Maestra**. Sur la pointe (bouche du Pô di Pila). Feu *tournant* à *éclats* chaque minute, visible 10 milles.

227. — **Cittanova**. Après *Port Umago*. Sur la tête du môle intérieur, feu *fixe blanc*, secteur *rouge*, visible 3 milles (45° 19' 6" N. et 11° 13' 28" E.).

228. — **Pola**. Sur le pont qui rejoint le rocher *Olivi* à la ville, 3 feux *fixes rouges*, éclairant le port de commerce.

229. — **Galiola**. Cloche de brume.

230. — **Fiume**. (Golfe de Quarnero.) Sur la tête de la digue extérieure, feu *fixe blanc*, à *éclats* alternativement blancs et rouges de 30 s. en 30 s., visible 16 milles (45° 19' 34" N. et 12° 5' 30" E.).

Sur la digue extérieure, à l'entrée du port à pétrole, feu *fixe vert*, visible 4 milles.

230. — **Ile Veglia**. Sur la jetée en construction à *Bescanova*, feu *fixe rouge*, élevé de 4 milles.

231. — **San Giorgio**. (Canal de Morlacca.) Après Segna. Sur l'extrémité du môle de l'entrée, feu *fixe blanc*, élevé de 8 milles, visible de 6 milles (44° 55' 50" N. et 12° 35' E.).

231. — **Ile Unie**. Sur la pointe *Netak*, feu *fixe blanc*, secteur *rouge*, visible 13 milles (44° 37' 20" N. et 11° 53' 52" E.).

233. — **Peterzane**. Après *Pointe Amica* (Canal de Zara). Sur la plage, feu *fixe blanc*, visible 4 milles (44° 11' N. et 12° 50' E.).

233. — **Vodizze**. Après *Canal de Stretto*. Sur la colonne d'amarrage de la tête du môle, feu *fixe rouge*, visible 2 milles (43° 45' N. et 13° 26' E.).

233. — **Traù**. Sur le pont joignant l'île à la terre ferme, 2 feux *fixes blancs*, au lieu d'un *fixe rouge*.

234. — **Port Marcarsca**. Sur la pointe N.-O. de la

presqu'île de San Pedro, à 12 m. de la mer, feu *fixe*, visible 13 milles (43° 17' 40" N. et 14° 40' 26" E.).

235. — **Narenta.** Sur la jetée de droite, feu *fixe vert*, visible 4 milles. Sur la jetée de gauche, *fixe rouge*, visible 4 milles.

235. — **Pointe Blace.** (Presq. de Sabioncello), canal *Stagno Piccolo*. Feu *fixe blanc*, élevé de 17 m., visible 10 milles (42° 55' 28" N. et 15° 11' E.).

236. — **Mezza Meleda.** Après *Lagosta*, 2 feux *fixes blancs*, l'un sur l'extrémité S. du môle, l'autre sur la pointe *Biscup*, visible de 6 milles (42° 44' 40" N. et 15° 16' 35" E.).

237. — **San Giovanni di Medua.** Sur le cap à l'O. de d'entrée du port, feu *fixe rouge*, visible 6 milles (41° 48' 30" N. et 17° 15' 1" E.).

237. — **Rodoni ou Ischin.** A 30 m. de l'extrémité du cap, feu *scintillant* de 10 s. en 10 s., visible 16 milles (41° 35' 10" N. et 17° 7' 1" E.).

239. — **Céphalonie.** Sur une pointe du port de *Sainte-Euphémie*. Feu *fixe blanc*, élevé de 8 m., visible 6 milles (38° 18' N. et 18° 17' E.).

239. — **Cap Krionero.** Le feu est éteint.

239. — **Ile Sapienza.** Sur la colline S.-O. de l'île, feu *blanc à éclats* de 1 m. en 1 m., élevé de 109 m., visible 25 milles (36° 44' 20" N. et 19° 21' 56" E.).

241. — **Ile Malea ou Saint-Ange.** A 38 m. de la pointe E. du cap, feu *fixe*, visible 17 milles (36° 26' 40" N. et 20° 52' E.).

241. — **Bello Poulo.** Sur la pointe N.-E. de l'île, feu *blanc à éclats*, visible 26 milles (36° 55' 35" N. et 21° 6' 30" E.).

241. — **Spezzia.** Près la pointe N.-E. de l'île, feu *fixe blanc*, élevé de 30 m., visible 12 milles (37° 15' 37" N. et 20° 49' 50" E.).

241. — **Cap Thémistocle.** Le feu est actuellement *fixe rouge*, visible de 8 milles.

234. — **Port Wathi** (Ile Amorgo). A 85 m. de la pointe du cap *Elie*, feu *fixe rouge*, visible 6 milles (36° 50' 40" N. et 23° 29' 13" E.).

243. — **Berdougi** (Iles). Sur la plus petite des îles, à l'entrée du *canal d'Eubée*, feu *fixe rouge*, visible 16 milles (38° 10' 42" N. et 21° 45' 34" E.).

255. — **Cap Chardak ou Kodosch.** Le feu est *fixe blanc scintillant*.

256. — **Rizeh.** Après *Batoum*. A l'extrémité du *cap Pirios*, feu *fixe rouge*, visible de 6 milles (41° 4' N. et 38° 10' E.).

257. — **Kerembé.** Après *Ineboli*, à 100 m. de l'extrémité du cap, feu *tournant à éclats et à éclipses*, visible de 18 milles (42° 1' 40" N. et 30° 56' 30" E.).

258. — **Berdian.** Cloche de brume.

258. — **Taganrog.** Dans la ville, phare électrique, feu *fixe* avec secteurs *blancs* et *verts*, élevé de 49 m., visible de 15 milles (47° 42' 5" N. et 36° 36' 56" E.).

259. — **Famagouste** (Ile de Chypre). Feu *fixe rouge*, visible de 6 milles (35° 7' 10" N. et 31° 37' 7" E.).

259. — **Kyrenia** (Ile de Chypre). Sur le bastion N.-O. du fort, feu *fixe rouge*, visible de 6 milles (35° 20' 42" N. et 30° 58' 55" E.).

259. — **Ile Ruad.** Après *Latakié*. Sur la tour la plus haute de la forteresse, feu *tournant à éclipses* de 15 en 15 secondes, visible de 16 milles (34° 52' N. et 33° 31' E.).

260. — **Port Saïd.** Feu *fixe rouge*, sur une balise à 100 m. de l'extrémité de la jetée de l'O., visible de 3 milles.

Les bateaux feux de l'entrée sont remplacés par des bouées lumineuses éclairées au gaz.

262. — **Sfax.** Près de l'ancienne *Tophrana*, feu *fixe rouge*, visible de 6 milles (34° 43' 55" N. et 8° 26' 2" E.).

264. — **Dellys.** Le feu de l'extrémité du mur d'abri est *fixe rouge*.

Celui de l'extrémité du débarcadère est *fixe vert*.

Océan Atlantique, Afrique, Iles éparses.

267. — **Lagos.** Le feu est fixe.

268. — **Ambriz.** Après *Ascension*, feu *fixe* à droite de la falaise du cap, visible de 3 milles (7° 52' 9" S. et 10° 44' 36" E.).

268. — **San Thomé**. Le feu est *fixe rouge*. La jetée de la douane est éclairée par 2 petits feux de port, l'un *vert*, l'autre *rouge*, visibles de 2 milles pour indiquer l'endroit où il faut débarquer.

270. — **Grande Canarie**. Sur l'extrémité du môle du port de *la Luz*, un feu *fixe rouge*, élevé de 5 m., visible de 6 milles.

270. — **Ile Santiago**. Un feu *fixe blanc*, à *Porto do Lobo*, élevé de 11 m., visible de 7 milles (14° 59' 24" N. et 25° 45' 56" O.).

Amérique Anglaise, Etats-Unis.

270. — **Ile Gull**. Après *pointe Riche*, feu *intermittent* à *éclats* et à *éclipses* devant le *cap Saint-Jean*, élevé de 160 m. (49° 59' 54" N. et 57° 41' 47" O.).

273. — **Baie Roberts**. Sur la pointe *Green*, au côté S. de la *baie Conception*, trois feux *fixes blancs* et un *fixe rouge*, visibles de 8 milles (47° 36' 40" N. et 55° 30' 29" O.).

273. **Baie Brigus**. — Feu *fixe rouge* sur le cap N. de la *baie Conception*, élevé de 34 m. visible de 12 milles (47° 32' 54" N. et 55° 30' 49" O.).

273. — **Baie Sainte-Marie**. Sur la pointe *la Haye*, feu *fixe*, visible de 9 milles, élevé de 20 mètres (46° 54' 20" N. et 55° 56' 54" O.).

276. — **Baie Gaspé**. Sur l'*île Plateau*, feu *rouge* tournant de 30 s. en 30 s., visible de 10 milles, élevé de 25 m. (48° 37' 30" N. et 66° 28' 59" O.).

280. — **Petite-Belledune**. Après *Ile Héron*, feu *fixe*, vis. 11 milles, élevé de 12 m. (47° 55' 20" N. et 68° 13' 34" O.).

280. — **Pointe Grindstone**. Feu *fixe rouge*, élevé de 25 m., vis. 15 milles (47° 45' 30" N. et 67° 41' 15" O.).

282. — **Newcastle**. Après *Middle*, feu *fixe rouge*, élevé de 28 m., vis. 9 milles (47° 0' 45" N. et 67° 53' 54" O.).

283. — **Cap Egmont** (Ile du Prince Edouard). Feu *fixe rouge*, élevé de 22 m., vis. 10 milles (46° 24' 20" N. 66° 28' O.).

284. — **Ile Saint-Pierre**. Le feu est *fixe rouge* au lieu de *fixe blanc*.

284. — **Georgetown** (Baie Cardigan). Sur la pointe *Saint-André*, feu *fixe blanc*, élevé 15 m., vis. de de 12 milles.

286. — **Mac Nell's**. Après *Black Rock*, feu *fixe rouge*, élevé de 10 m., vis. 8 milles (46° 14' N. et 62° 49' 32" O.).

286. — **Pointe Fraser**. Feu *fixe rouge*, élevé de 10 m., vis. 7 milles (45° 47' 52" N. et 63° 24' 45" O.).

286. — **Pointe Derby**. Feu *fixe rouge*, élevé de 25 m., vis. 11 milles (45° 56' 30" N. 63° 8' 14" O.).

286. — **Baie de Saint-Pierre**. Trois feux *fixes rouges*, vis. 5 milles.

286. — **Passage Lennox**. Trois feux *fixes rouges*, vis. 5 milles.

290. — **Shipley** (Presqu'île). Après *Sambro*. Feu *fixe rouge*, élevé de 15 m., vis. 7 milles (44° 27' 40" N. et 60° 2' 25" O.).

293. — **Port Abbot**. Après *Pubnico*. Feu *fixe blanc*, élevé de 10 m., vis. 8 milles (43° 39' 25" N. et 68° 9' 44" O.).

294. — **Greencove**. Après *Bunsker*. Feu *fixe blanc*, élevé de 10 m., vis. 10 milles (43° 59' 5" N. et 68° 29' 46" O.).

295. — **Advocate**. Après *Black Rock*. Feu *fixe rouge*, vis. 7 milles (45° 19' 23" N. et 67° 7' 44" O.).

296. — **Havre Saint-John**. Deux feux *fixes blancs*, élevé de 10 m., vis. 5 et 10 milles, sur les Wharfs *Palmer's Landing* et *William's Landing*.

297. — **Campo Bello**. Feu *fixe blanc*, sur la pointe *Mulholland*, élevé de 20 mètres, visible 13 milles (44° 51' 47" N. et 69° 19' 4" O.).

301. — **Roche Matinicus**. Au lieu de deux *feux fixes*, un feu *fixe rouge*, visible 14 milles.

308. — **Marblehead**, 2 feux *fixes* au côté S. de l'entrée du port, visible 11 milles (42° 30' 19" N. et 73° 10' 17" O.).

309. **Hyannis**. Feu *fixe rouge* d'alignement, élevé de 7 mètres (41° 38' N. et 72° 37' 36" O.).

311. — **Riv. Sakonnet**. Sur le rocher *Petit Cormoran*. Feu *fixe blanc à éclats rouges*, visible 14 milles (41° 27' 10" N. et 73° 32' 23" O.).

311. — **Ile Rose**. Cloche de brume.

314. — **Rivière Connecticut.** A l'extrémité S. du brise-lames de l'embouchure, feu *fixe blanc*, élevé de 8 mètres, visible 5 milles (41° 16' 17" N. et 74° 40' 51" O.).

316. — **Pointe Hallett.** Après *North Brother*, sur le rebord du *Hell Gate*. Feu électrique élevé de 2 mètres.

319. — **Passage Hereford.** Le feu est *fixe blanc*.

Ludlam's Beach. Feu *fixe blanc* à éclats *blancs*, élevé de 12 mètres, visible de 11 milles (19° 0' 57" N. et 77° 1' 7" O.)

320. — **Delaware.** Sur l'extrémité E. du brise-lames, feu *fixe blanc* et *rouge* élevé de 15 mètres, visible 12 milles (38° 47' 50" N. et 77° 26' 16" O.).

324. **Baie Monie.** Après *Ile Blay*. Feu *fixe blanc*, élevé de 12 mètres, visible 12 milles (38° 12' 42" N. et 78° 13' 7" O.).

325. — **Sandy Point.** Sur le haut-fond de la pointe, au S. 59° E. du feu de la pointe. Feu *fixe* à *éclats* de 90 s. en 90 s., visible 12 milles, élevé de 16 mètres (39° 0' 48" N. et 78° 43' 22" O.).

328. — **Cap Hatteras.** Sur l'ancienne balise du cap. Feu *fixe blanc* élevé de 7 mètres, visible 9 milles (35° 14' 15" N. et 77° 51' 32" O.).

331. **Long Island.** 2 feux de direction *fixes rouges*.

331. — **Pointe Vénus.** 2 feux de direction, un *fixe blanc*, l'autre *fixe rouge*.

331. — **Ile Jones.** A l'extrémité O., feu *fixe rouge* (32° 25" N. et 83° 17' 46" O.).

331. — **Ile Elba.** 2 feux de direction *fixes rouges*.

En face l'*ile Elba*, sur le rivage, feu *fixe rouge* (32° 5' 56" N. et 83° 19' 57" O.).

331. **Fort Jackson.** 2 feux de direction *fixes rouges*.

Golfe du Mexique, Antilles.

333. — **Ile Sanibel.** Avant *Egmont*. Feu *fixe* à *éclats* de 2 m. en 2 m., élevé de 30 m., visible de 16 milles (26° 27' 5" N. et 84° 21' 19" O.).

334. — **Cap Saint-Blas.** Le feu est actuellement à *éclats* alternatifs *rouges* et *blancs* de 30 s. en 30 s.

339. — **Vera-Cruz.** Feu électrique *fixe*, élevé de 52 m., visible de 19 milles (19° 11' 16" N. et 98° 28' 24" O.). Ce feu sera allumé prochainement.

340. — **Belize.** Sur le fort *George*, un feu *fixe rouge*, élevé de 13 m., visible de 7 milles (17° 29' 20" N. et 90° 32' 7" O.).

341. — **Orénoque** (flottant). Ce feu est rétabli.

346. — **Port Plata.** Le feu a cessé de fonctionner.

347. — **Ile Sainte-Croix.** A *Frederichstäd*, 2 feux *fixes* sur des candélabres, visibles de 2 milles (17° 42' 40" N. et 67° 15' 22" O.).

Amérique du Sud, Brésil.

352. — **San Joa.** Après *Salinas*. Sur l'île, feu *fixe blanc*, élevé de 26 m., visible de 14 milles (1° 17' 40" S. et 47° 12' 55" O.).

353. — **Saint-Augustin.** Sur le cap, feu *fixe blanc*, élevé de 105 m., visible de 25 milles (8° 21' S. et 37° 16' O.).

353. — **Rio Real.** Feu *fixe blanc*, élevé de 21 m., visible de 10 milles (11° 27' 40" S. et 39° 44' 10" O.).

354. — **Belmonte.** A l'embouchure du *Rio Jequitinhonha* feu *fixe blanc*, élevé de 18 m., visible de 10 milles (15° 51' S. et 41° 13' 15" E.).

355. — **Ile do Mel.** Le feu du fort est actuellement *fixe rouge*.

356. — **Riachuelo.** (Port de la Bocca.) Sur les têtes des môles, 2 feux *fixes blancs et rouges*, visibles de 5 milles.

356. — **Ile Martin Garcia.** Sur l'île, feu *fixe blanc*, élevé de 43 m., vis. 14 milles (34° 10' 50" S. et 60° 35' 54" O.).

357. — **Bahia Blanca.** Sur le mont *Hermoso*, feu *fixe blanc*.

357. — **Ile des Etats.** Sur la pointe *Lasserre*, pointe O. du port de *San Juan de Salvamiento*, feu fixe blanc, élevé de 61 m., vis. 14 milles (54° 43' 24" S. et 66° 7' 15" O.).

Grand Océan.

358. — **Lota.** Sur la pointe *Morro-Lutrin*, feu *tournant* blanc de 15 s. en 15 s., élevé de 49 m., vis. 18 milles (37° 5' 28" S. et 75° 28' 50" O.).

350. — **Antofagasta.** Le feu *rouge* a été détruit; il ne reste qu'un feu blanc.

350. — **Cobija.** Un feu de port., vis. 3 milles, à l'entrée de la baie (22° 34" S. et 72° 38' 30" O.).

351. — **Iquique.** Dans le port de *Caleta Buena*, feu *fixe*, vis. 3 milles.

360. — **Baie Magdalena.** Après *Mazatlan*. Près de l'établissement, au côté N.-O. de la baie, feu *fixe blanc*, vis. 6 milles.

360. — **Cap Haro.** Phare en construction, entrée de *Guaymas*.

362. — **Alcatraz.** Sur la montagne du *Télégraphe*. Phare électrique, feu *fixe* élevé de 106 m. (37° 48' N. et 124° 44' 44" O.).

365. — **Rivière Fraser.** A l'entrée de la rivière, sur l'ext. S.-O. du banc *Sturgeon*, pointe *North Sand*, feu *fixe* élevé de 15 m., vis. 12 milles (49° 5' N. et 125° 36" O.).

365. — **Ile Mayne.** Feu *fixe blanc*, élevé de 17 m., vis. 12 milles (48° 52' 25" N. et 125° 38' 4" O.).

365. — **Ile Tutuila.** — Après *Apia*, feu *fixe vert*, quand on attend les paquebots.

366. — **Rivière Rewa** (îles Viti). — Sur l'ex. S.-E. du récif *Nasalaï*, feu fixe élevé de 13 m., v. 12 milles (18° 8' 10" S. et 176° 26' 6" O.).

366. — **Suwa.** 2 feux *fixes rouges* et un feu *fixe blanc*.

Mer des Indes,
Mer de Chine, Australie.

368. — **Port Natal.** 3 feux *de port fixes blancs* en triangle et un feu *fixe* rouge.

368. — **Inhamissengo**. (Bouches du Zambèze.) Feu rouge élevé de 26 m. (18° 53' 2" S. et 33° 49' 10" E.).

369. — **Nossi-Bé**. 2 feux *fixes blancs*, vis. 8 milles.

371. — **Aden**. Le bateau-feu ne brûle plus de feu *bleu* lorsqu'un navire entre dans la baie; le feu est actuellement *fixe à éclats* de 20 s. en 20 s.

371. — **Pointe Obstruction**. (Dét. de Bab-el-Mandeb.) Le feu allumé est *intermittent à éclipses*, élevé de 34 m., vis. 14 m. (12° 39' 15" N. et 41° 5' 51" E.).

372. — **Ile Karumba**. Au côté E. de la crique *Salaya*, feu *fixe blanc* élevé de 9 m., vis. 10 milles (22° 26' 15" N. et 67° 14' 26" E.).

373. — **Damaon**. Feu de port *fixe blanc*, sur le bastion du fort, vis. de 8 milles (20° 24' 30" N. et 70° 29' E.).

374. — **Rajpuri**. Feu *fixe blanc*, vis. 18 m. (18° 17' N. et 70° 35" E.).

376. — **Minikoy**. Le feu allumé est *tournant* de 30 s. en 30 s., élevé de 45 m., visible 19 milles (8° 16' N. et 70° 41' E.).

377. — **Madras**. Sur l'extrémité de l'appontement du port, feu *fixe rouge*, visible 3 milles.

380. — **Ile Oyster**. Feu *fixe blanc*, élevé de 23 m., visible 10 milles (20° 12' N. et 90° 13' E.).

381. — **Rivière Tavoy**. Sur la pointe N.-E. de *l'île Reaf*, feu *fixe*, élevé de 93 m., visible 12 milles (13° 35' N. et 93° 56' E.).

381. — **Rivière Laroot**. Feu *fixe rouge* élevé de 9 m., visible de 4 milles (4° 48' 4" N. et 98° 12' 49" E.).

384. — **Tanjonk-Priok**. Sur la tête du môle de l'O. du port, feu *fixe blanc*, élevé de 1 m., visible 8 milles (6° 4' 53" S. et 104° 31' 11" E.).

Un second feu *fixe blanc* sur la tête du môle E. —

384. — **Samarang**. Feu *tournant à éclats* de 30 s. en 30 s., élevé de 32 m., visible 16 milles (6° 57' 9" S. et 108° 4' 49" E.). Le feu de port est allumé.

385. — **Meadanau**. Sur la pointe O., feu *fixe blanc*, élevé de 62 m., visible 21 milles (2° 53' S. et 105° 0' 16" E.).

387. — **Pointe Sangley**. On a ajouté à ce feu un secteur *vert* de 75° au S. 47° O. et au S. 28° E., visible de 2 milles.

388. — **Ilo-Ilo** (Ile Panay). Les deux feux sont allumés.

388. — **Can-Giou**. Un second feu *fixe rouge* à l'extré-mité du N.-E. des bancs de *Can-Giou*.

389. — **Cua-Cam**. Au N. 17° O. de la pointe *Dô-Son*, feu *fixe blanc* (20° 44' 27" N. et 194° 25' 40" E.).

392. — **Oo Sima**. Sur *Kura Saki*, feu *tournant* de 30 s. en 30 s., visible 24 milles (31° 32' 20" N. et 126° 6' 30" E.).

392. — **Baie Urado** (Ile Sikok). Feu *fixe blanc*, visible 10 milles (33° 30' N. et 131° 16' E.).

395. — **Hakodadi**. Le feu flottant est actuellement *fixe rouge*.

398. — **Iles Percy**. Sur le sommet de l'îlot S.-O. du groupe *Pine*, feu *fixe à éclats*, visible 20 milles (21° 39' S. et 147° 56' E.).

399. — **Baie Wide**. Sur la partie la plus haute de la pointe de l'île *Double*, feu *blanc à éclats* de 30 s. en 30 s.

Deux feux *fixes* sur la pointe *Inskip*.

403. — **Ile Cliffy**. Sur la côte S. de l'île, feu *tournant rouge à éclats* et à *éclipses*, visible 15 milles (38° 58' 10" S. et 144° 22' 10" E.).

405. — **Port Phillip**. Feu *fixe vert*, dans la baie *Hobson* sur la tête de la jetée de *Lorne*.

408. — **Port Victor**. (Baie Encounter.) Feu *fixe blanc* à l'extrémité du brise-lames, visible 5 milles (35° 34' 30" S. et 136° 18' E.).

410. — **Rivière Normou**. A l'entrée de la rivière, feu flottant *fixe blanc*, mouillé par 3 m. 8 d'eau et visible de 10 milles (17° 22' 30" S. et 138° 28' E.).

412. — **New Plymouth**. Sur l'extrémité du brises-lames, un 2ᵉ feu *fixe rouge*.

412. — **Kaipara**. Sur le cap N. du port, feu à *éclats* de 10 s. en 10 s., visible de 23 milles (36° 23' 30" S. et 171° 48' 15" E.).

412. — **Baie du Massacre**. 4 feux de direction.

412. — **Passe des Français**. Sur la pointe *Channel*, un feu *fixe rouge*.

Sur l'extrémité S. du récif, un feu *fixe blanc*.

414. — **Pointe Waipapa**. Feu *blanc à éclats* de 10 s. en 10 s., visible 13 milles (46° 39' 40" S. et 166° 32' 15" E.).

TABLE ALPHABÉTIQUE

Bar-le-Duc — Typ. Schorderet et Cᵉ — 1531